Rosemary
Romarin

格子教你作

自然 ╳ 無毒 親膚皂

以手工皂的溫柔觸感寶貝每一吋值得呵護的肌膚，使身心也一起沉醉在愉悅的氛圍之中。

好評
暢銷版

手工皂教主 格子 ◎著

自序

　　自從學習製作手工皂之後，漸漸地習慣了手工皂溫柔的觸感。對於洗衣精添加的化學香氛，反而感到不舒服，也對於一般市售手工皂因過度清潔的洗淨力，導致肌膚乾澀、不舒適而厭煩；更對於過度滋潤的沐浴乳，殘留於肌膚上滑膩物質感到黏膩。才發現原來在製作手工皂、使用手工皂的過程當中，身體不自覺的選擇了這樣的方式來善待自己。面對生活、面對自然，這是一種無所懼的感覺──純樸且踏實。

　　著手製作本書的作品時，正巧也面臨人生的轉換點──有個新的生命在體內孕育。我低頭思索：能不能將這樣面對自然、真誠面對自己的感受延續到即將降臨的新生命呢？於是開始思考用質純溫和的添加物與配方，以更柔軟的方式呵護即將誕生的小天使。如第一次使用全羊乳製作手工皂，體驗羊乳溫潤的質感，選擇 72%的甜杏仁油設計配方，讓滋潤、細緻的泡沫，溫柔接觸寶貝的肌膚。

　　經由這些細緻的改變可以讓生活變得更加不同。例如寶貝的衣物可以使用椰子油與茶樹精油搭配的家事皂清洗，除了洗淨力超強，更可以免除化學洗劑對肌膚造成的負擔與傷害。清潔寶貝肌膚的手工皂可以使用成分溫和的油品組成配方，像是溫潤、保濕的橄欖油、擁有藥草色澤的未精緻酪梨油，或是泡沫細緻的甜杏仁油……這些天然

又具有多功效的油品都可以透過不同組合調配來製作手工皂。而天然的油品除了可以製作手工皂之外，加入天然乾燥藥草的浸泡，還可以製作成相當好用的油膏呢！炎炎夏日，當寶貝與家人被蚊蟲咬傷時，可以使用添加有機成分的油膏擦拭，天然的治療效果，除了使用安心之外，效果還能讓人大呼驚奇。

　　一直認為「美」是父母能給予下一代最珍貴的禮物。「美」不僅是外在形式的表現，更是生命進步的最佳延續。剪裁特殊的衣服是一種美；選擇天然素材製作的衣物也是一種美；具設計感的家具是一種美，但質樸的生活、踏實的環境及以認真的態度面對生命更是另一種心靈美。手工皂不僅是一項天然的清潔用品，在動手體驗的過程中，將生活的美感帶入家庭，你將發現美麗隨手可得、無所不在。

格子

Part 01

超呵護──
親親寶貝系列

Part 02

超咕溜──
變身素顏美人

CONTENTS

寫在動手製作之前
——皂化過程

低溫的冷製手工皂製作原理在於：透過油脂與鹼的混合過程中，會產生皂與甘油成分。手工皂能清潔肌膚，甘油則可以停留於肌膚表層，鎖住水分並達到保護與滋潤的功能。而冷製手工皂全程製作的溫度需保持在攝氏50度以下，是為了能夠維持每款油品的養分，不會因為皂化過程的溫度過高而導致流失。因為每回製作量少、製作成本高，且需要花費四至八週來等待熟成，所以更凸顯手工皂的難得與珍貴。冷製手工皂的製作過程天然，不會對於肌膚造成負擔，更可貴的是對於生態與環境也能維護，是最天然的清潔用品。以下針對皂化過程分為四期來說明：

初期混合

冷製手工皂需要先溶化氫氧化鈉與水，形成鹼液並與油脂混合攪拌。由於油與水（鹼液）並不相溶，而且鹼液（水）的比重又比油重，所以混合初期若沒有持續不斷的攪拌，鹼液會很自然的沉到皂液的底部。混合初期的皂化反應較慢，而且速度薄弱，只在少許油與鹼液的接觸面進行反應。所以製作時可將鹼液以「多次少量」的方式，逐步倒入油體中，並持續不斷的攪拌，使皂液產生作用變成手工皂。皂化的過程中，油與鹼液反應情形不會間斷，所以整體的透明度會慢慢降低變為渾濁，此時若停止攪拌，皂液的速度又會減緩、停滯。此時期的攪拌時間大需持續15至20分鐘不停且同一方向攪拌，使鹼液與油脂充分混合。

持續攪拌

　　經過初期油鹼不相混合的時期之後，此時期的反應是由原來已生成的皂來加速剩餘油脂與鹼液的皂化。皂液的整體反應速度會不斷加快、油脂與鹼液接觸面積快速加大，皂液逐漸形成濃稠的美乃滋狀。可透過攪拌過程中產生的痕跡判斷攪拌是否完成，完成時，殘留於攪拌器上的皂液應為不容易滑落的狀態。此時的攪拌速度可稍稍減緩，只要持續攪拌，不需要使用太大的力氣，以免過多的空氣混入皂液中，導致製作完成的手工皂有過多細小氣泡，此時期的皂化反應已經完成約九成左右。

完成入模

　　在經過攪拌期充分的混合之後，此時殘留未混合均勻的油脂與鹼液的比例已經明顯下降許多，但是少量未完全皂化的物質還會留在手工皂中。此時期可以將呈現美乃滋的手工皂入模，入模完成將手工皂送入保溫容器中。透過保溫動作，使手工皂的皂化工作持續進行。有時因為氣溫、濕度的影響，也會導致手工皂整體又變為透明狀態，此現象又有人稱為「果凍」。

熟成等待

　　由於製作完成的手工皂仍有少部分未百分百皂化的物質，為了使製作的冷製手工皂更加溫和，所以須經過四至八週的時間等待，此階段是希望手工皂的水分能夠充分散失、酸鹼值能更穩定，使得手工皂整體質地更溫純。

製皂方法

1. 計算配方

先預設此次製作手工皂的分量，並以紙筆寫下配方。

假設此次製作的油量為600（公克）

油脂的計算方式：油的總量×油脂的比例＝該油品的重量

橄欖油72%→600（公克）×0.72＝432（公克）

棕櫚油15%→600（公克）×0.15＝90（公克）

椰子油13%→600（公克）×0.13＝78（公克）

鹼量的計算方式：該油品的重量×該油品的皂化價（即皂1公克油脂所需要之鹼質的克數）

＝該油品所需的鹼量（油a的重量×皂化價a）＋（油b的重量×皂化價b）＋（油c的重量×皂化價c）＋……

＝所需的鹼量

橄欖油→432（公克）×0.134＝57.888（公克）

棕櫚油→90（公克）×0.141＝12.69（公克）

椰子油→78（公克）×0.19＝14.82（公克）

鹼量加總→57.88＋12.69＋14.82＝85.39（公克）

水量的三種計算方式：(1) 鹼量×2.6倍＝水量

85.39×2.6＝222.014→222公克

(2) 鹼量／0.3-鹼量＝水量

85.39／0.3-85.39＝199.243→199公克

(3) 總油重×0.33＝水量

600×0.33＝198→198公克

意即：水量從198公克至222公克皆可作為參考值。

2. INS值的計算（主要是計算手工皂完成後的硬度，值越低，皂越軟）

油a的重量／全部油量的公克重＝油a（占材料／總油重）的百分比

（油a的百分比×油a的INS值）＋（油b的百分比×油b的INS值）＋（油c的百分比×油c的INS值）＋……＝配方的INS值

例如：橄欖油400公克／椰子油200公克／棕櫚油200公克／材料／總油重800公克

400／800＝0.5→橄欖油（占材料／總油重）的百分比

200／800＝0.25→椰子油（占材料／總油重）的百分比

200／800＝0.25→棕櫚油（占材料／總油重）的百分比

（0.5×109）＋（0.25×258）＋（0.25×145）＝155.3

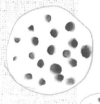

3. 製作步驟

1.根據油脂配方依比例放入不鏽鋼鍋內，隔水加熱至攝氏45度（不超過攝氏45度）。

2.使用耐高溫的容器（至少攝氏90度）將純水倒入耐熱容器中，再加入氫氧化鈉，將兩者攪拌至氫氧化鈉完全溶化，並且降溫至攝氏45度以下。

　　註(1)溶解過程會有發熱情形為正常現象。

　　註(2)氫氧化鈉屬於強鹼，此步驟會有危險性，請小心操作。

　　註(3)溶解氫氧化鈉會產生難聞的氣味，此步驟請配戴口罩。

3.將步驟2的鹼液倒入步驟1中的油中，並不斷攪拌約40分鐘左右，使兩者起皂化反應，直到兩者溶液完全混合成美乃滋狀即為皂液，即可進行下個步驟。

　　註(1)鹼液請少量、分成多次倒入油當中，細心攪拌。

　　註(2)皂化過程於本書P.6中詳細說明。

4.在已充分攪拌的皂液中加入所喜愛的精油。

5.加入添加物（乾燥花草、礦泥……），再攪拌均勻。

6.將步驟5中混合均勻的皂液倒入模型中，置入保溫箱，妥善覆蓋，並蓋上毛巾。

　　註：此處的保溫工作可以使用保麗龍箱進行。

7.待手工皂硬化後（約一至三日）即可取出，並放置於通風處，使其自然乾燥，約四週後熟成即可使用。

油品特質

可以製作出起泡度高手工皂的油品

椰子油 Coconut Oil

　　油色為淡黃色，於攝氏20度以下會呈現固狀，屬於硬油的一種。椰子油是製作手工皂不可或缺的油脂之一，富含飽和脂肪酸，能作出洗淨力強、質地硬、顏色雪白且泡沫多的手工皂。但洗淨力很強的皂，難免會使皮膚感覺乾澀，所以用量不宜過高，一般肌膚建議用量占總油重的15％，乾性老化肌膚建議用量占總油重的10％以下，油性肌膚建議用量占總油重的30％以下。椰子油在秋冬氣溫下降時會呈現固態，可以隔水加熱的方式融化後再使用。

棕櫚核油 Palm Kernel

　　是使用椰子果肉中的核仁所榨成的油品，相較於椰子油，對於皮膚具刺激的物質較少，保濕成分也略微增加，且較溫和。多半用於敏感性肌膚與嬰幼兒肌膚。

可製作出硬度較高，且不容易變形手工皂的油品

棕櫚油 Palm Oil

　　棕櫚油是棕櫚果肉中取得的植物脂肪，經由萃取或壓榨取得，且依狀態與是否經過精煉，而有各種不同的顏色（例如：淡黃色、紅棕色），它們含有相當高的棕櫚酸及油酸。棕櫚油是手工皂必備的油脂之一，可製作出溫和、清潔力好又堅硬、厚實的手工皂，不過因為泡沫較少，所以一般都會搭配椰子油一併使用。建議用量占總油重的20％以下。棕櫚油在秋冬氣溫下降時會呈現固態，可以隔水加熱的方式融化後使用。

可以製作出起泡度高手工皂的油品

白油 Vegetable Shortening

以大豆等植物提煉而成，呈固體奶油狀，可以製造出厚實、溫和且泡沫細緻的手工皂。雪白乳化油與白油的皂化價相同，有股香濃的味道，也常被用於取代白油製皂，建議用量占總油重的30％以下。

可以製作出保濕度較高手工皂的油品

橄欖油 Olive Oil

橄欖油含有高比例油酸和豐富的維他命、礦物質與蛋白質，特別是天然角鯊烯，可以保濕並修護皮膚，製造出的手工皂泡沫持久且如奶油般細緻，由於深具滋潤性，也很適合用於製作乾性膚質適用的手工皂和嬰兒皂，特別是受損乾燥老化及異位性皮膚炎可以100％橄欖油製皂。橄欖油可區分為Extra Virgin、Virgin、Pure、Extra Light與Pomace數個等級，Extra Virgin含有的營養成分最高，但需要很長的時間才能凝固。100％橄欖皂的泡泡較少且熟成期至少需要兩個月。

榛果油 Hazelnut Oil

棕櫚油酸含量高，對老化肌膚有益，油質穩定性高，而且清爽，優異持久的保濕力，使榛果油成為植物油中的佼佼者，可代替或搭配橄欖油使用。建議用量占總油重的72％以下，但保存期限短，須放入冰箱保存較不易變質。

酪梨油 Avocado Oil

可分為未精緻與精緻兩種。未精製的酪梨油呈深棕綠色，綠色來自天然的葉綠素，油品氣味有一股藥草的特殊氣息。精製的酪梨油經過脫色脫臭處理，呈現黃色至金黃色。油品含有非常豐富的維他命A、D、E、卵磷脂、鉀、蛋白質與脂酸。油質沉重，能深層穿透肌膚，使肌膚容易吸收。適用於乾燥缺水、日照受損或成熟的肌膚，並且對於濕疹、牛皮癬有很好的效果。營養度極高，亦可用於深層清潔，能促進新陳代謝、淡化黑斑、預防皺紋產生。酪梨油是製作手工皂的高級素材，製作出來的皂很滋潤，有軟化及治癒皮膚的功能，能製

造出對皮膚非常溫和的手工皂，非常適合嬰兒及過敏性皮膚者使用。建議用量占總油重的72%以下。

甜杏仁油 Sweet Almond Oil

由杏樹果實壓榨而來，富含礦物質、醣物和維生素及蛋白質，是一種質地輕柔，且有高滲透性的天然保濕劑，對面皰、富貴手與敏感性肌膚具有保護作用，溫和又具有良好的親膚性，各種膚質都適用，能改善皮膚乾燥發癢現象，緩和痠痛，抗炎，質也輕柔滑潤。更可平衡內分泌系統的腦下垂腺、胸腺和腎上腺，促進細胞更新。甜杏仁油非常清爽，滋潤皮膚與軟化膚質功效良好，適合做全身按摩。且含有豐富營養素，可與任何植物油相互調和，是很好的混合油。很適合乾性、皺紋、粉刺、面皰及容易過敏發癢的敏感性肌膚，質地溫和連嬰兒肌膚都可使用。以甜杏仁油作出來的皂泡沫持久且保濕效果非常好，建議用量占總油重的30%以下。但因保存期限較短，所以須放在冰箱保存唷！

山茶花油（苦茶油／椿油）Camellia Oil

山茶花油是山茶花種籽經榨油機以冷壓而得。山茶花為山茶科山茶屬之常綠小喬木，一般山茶花種籽會拌炒之後再行榨油的程序，拌炒得越久榨出的油顏色較深，且香氣較濃，而未經久炒的種籽榨出顏色較淡的油，較無香氣，但營養成分較高。山茶花油含有豐富之蛋白質、維生素A、E等，其營養價值及對高溫的安定性均優與於黃豆油，甚至可與橄欖油相媲美，具有高抗氧化物質，讓皮膚頭髮處於良好狀態。能讓肌膚調整並保濕、滲透性快，能使用於全身肌膚它又能在表皮上形成一層很薄的保護膜，保住皮膚內的水分，防護紫外線與空氣污濁對肌膚的損傷。山茶花油已經被中國大陸及日本的女性使用許多世紀了，是頭髮的滋補物，更是坐延緩肌膚出現皺紋的滋補用油唷！建議用量占總油重的72%以下。若用於製作超脂，建議用量占總油重的5%至8%。

杏桃仁油 Apricot Kernel Oil

杏桃仁油的油感細緻、清爽，成分中含有使肌膚軟化、滋養肌膚與恢復肌膚元氣的成分，特別針對乾燥、成熟及脆弱、敏感皮膚特別有幫助。油脂特性容易延展，富有油酸及亞麻油酸。應用於作皂及化妝品成分中扮演的角色與甜

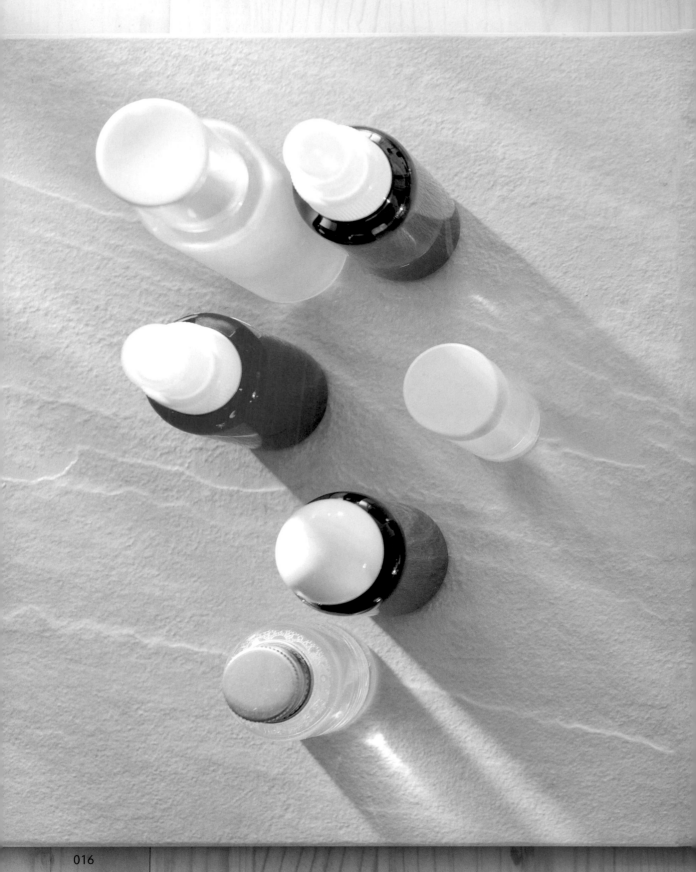

開心果油 Pistachio Oil

含有大量的單元不飽和脂肪酸，是很好的潤膚油品。對皮膚具有軟化功能，質地清爽，可輕易被皮膚吸收且不會產生油膩感。製成按摩油，也可輕易與其他的油品混合。使用在肌膚按摩及自製的保養品上都很適合，還可用於護髮的產品上，製作熱油護髮。使用在手工皂上建議用量占總油重的20％至72％，可產生細緻清爽的泡沫與洗感。

葵花籽油 Sunflower Seed Oil

取自常見的向日葵，為淡金黃色，常用於製作沙拉油及人造奶油。含高比例維生素E，含有植物固醇、卵磷脂、胡蘿蔔素等，營養豐富，可以柔軟肌膚、抗老化，保濕力強且價格便宜。傳統種的葵花油因亞油酸含量達60％，不易凝固且容易氧化，建議用量占總油重的10％以下。新種（高油酸）葵花油含有80％以上的油酸，氧化安定性良好，製皂時的外觀或使用感和橄欖油類似，常被用於取代橄欖油製皂，不過因為它的INS值與起泡力低，所以最好配合硬油使用，否則不但皂化過程慢，製作出來的皂會較軟爛唷！建議用量占總油重的20％以下。

對於肌膚有特殊功效的油品

琉璃苣油 Borage Oil

是由琉璃苣種籽所萃取出的油，含有豐富的Omega-5多元不飽和脂肪酸，其中的迦瑪亞麻油酸GLA（Gamma-Linolenic Acid）更高達濃度25％至30％，也是天然植物油中含GLA濃度最高的，約為一般月見草油的2至2.5倍（月見草油的GLA含量只有7至9％）。琉璃苣油對皮膚主要可以消炎、減少過敏反應，

各式油品參考皂價化與添加比例

油脂種類	英文名	氫氧化鈉／NaOH	INS值	添加比例建議 （占總油重百分比）
橄欖油	Olive Oil	0.1340	109	100％
椰子油	Coconut Oil	0.1900	258	30％
玫瑰果油	Rosehip Oil	0.1378	19	10％
乳油木果脂	Shea Butter	0.1280	116	20％
棕櫚油	Palm Oil	0.1410	145	20％
芝麻油	Sesame Seed Oil	0.1330	81	50％
白油	Shortening （veg.）	0.1360	115	30％
葵花籽油	Sunflower Seed	0.1340	63	10％至20％
小麥胚芽油	Wheatgerm	0.1370	58	5％
榛果油	Hazelnut Oil	0.1356	94	100％
酪梨油	Avocado Oil	0.1339	99	72％
甜杏仁油	Sweet Almond Oil	0.1360	97	30％
棕櫚核油	Palm Kernel	0.1560	227	227
琉璃苣油	Borage Oil	0.1357	50	10％
桐油	Tung Oil	0.1370		20％
澳洲胡桃油	Macadamia Oil	0.1390	119	72％
山茶花油	Camellia Oil	0.1362	108	72％
荷荷芭油	Jojoba Oil	0.0690	11	10％
大麻籽油	Hemp Seed Oil	0.1345	39	20％
葡萄籽油	Grape Seed Oil	0.1265	66	10％
月見草油	Evening Primrose Oil	0.1357	30	10％
可可脂	Cocoa Butter	0.1370	157	15％
杏桃仁油	Apricot Kernel Oil	0.1350	91	72％
開心果油	Pistachio Oil	0.1328	92	72％
蜂蠟、蜜蠟	Beeswax	0.0690	84	5％
蓖麻油	Castor Oil	0.1286	95	15％
米糠油	Rice Bran Oil	0.1280	70	20％

添加物

天然花草

　　使用天然花草入手工皂，大致可以分兩種方式。第一種是以熱水沖泡，等待沖泡完成的花草茶溫度冷卻之後，再用於溶解氫氧化鈉、製作手工皂。以此種方式將花草入皂，花草茶經過氫氧化鈉的強鹼作用之下，香味無法持久、色彩也會改變。另一種方式即是將乾燥的花草茶浸泡到製作手工皂的油品當中。油品的選擇可使用品定性較高、較不易氧化的油來製作，例如：橄欖油，此種方式稱作「浸泡油」。

　　浸泡油的製作方式亦即是將乾燥的花草完全浸泡入油品中，密封瓶口靜置於陰涼處保存，時間請持續一個月以上再行使用。此種方式是經由時間的等待過程讓花草的功效釋放到油品中，這樣花草氣息還有些許被保留機會，花草功效也較能有效發揮。

- 適合用於沖泡融鹼的花草植物：艾草、抹草、絲瓜水、咖啡……
- 適合用於浸泡油品的花草植物：紫草、玫瑰、薰衣草、金盞花、迷迭香、洋甘菊……

香氛調配

　　手工皂除了清潔的功能之外，還有一項重點工作，那就是情緒紓緩，每個人都喜歡洗完澡後身上帶點香氛氣息，透過沐浴也使情緒獲得轉換。親手製作手工皂的妙處，除了可以選擇天然材質入皂，享受自然無負擔的生活之外，還有一項最迷人的重點，便是親自調配每款手工皂的香氛。在添加入手工皂的香味部分，可分成天然的精油及香精。香氛的添加時間在鹼液與油品混合變成稠狀的皂液、入模之前。天然的精油入手工皂，因為精油本身稍具揮發性，並且

下手工皂皂化的感覺，雖然會很累，但是可以從中體會不同配方的手工皂的不同皂化速度，這是一種很微妙的感受！

溫度工具

須準備兩支溫度計，可測量攝氏0至100度的溫度即可。一支測量油溫使用，一支測量氫氧化鈉與水的混合液體使用。

註：藥房買的實驗用或烹調用品店買的溫度計都可以。

模型工具

模型是決定手工皂個性的工具。大致可分為不鏽鋼、矽膠模型、塑膠模型、牛奶紙盒幾種。

· **不鏽鋼模型**：格子慣用的模型皆為從烘培用品專賣店買來的。使用時，於底部包覆一層保鮮膜，套入橡皮筋並在底部墊上木板即可使用。

· **矽膠模型**：現今專為手工皂設計的矽膠模型相當多元且美麗，在本書多數使用矽膠模型來製作手工皂，不僅在造型上多變化，在製作過程中，矽膠也能夠提供很好的效果，使手工皂的質地更加完美。

· **塑膠模型**：平常吃完的優格、布丁杯子同樣可以用於製作手工皂唷！市面上還有專門為手工皂設計的壓克力模型。

· **牛奶紙盒**：牛奶紙盒內層有一層薄薄的蠟方便撕下、脫模，很適合製作手工皂時，作為丟棄式的模型盛裝唷！

秤量工具

精準的測量是製作手工皂過程裡一個非常重要的步驟。製作過程當中，油、氫氧化鈉、水等成分，若調配分量稍有落差，就有可能會影響製作成果。初學者不一定需要使用電子秤，只要能夠計算出重量的工具即可，不過精準計算重量是很重要的。若選擇電子秤，請記得最小的計算單位到1公克，最大單位到達2000公克左右，這樣才能精準地計算重量。

橡皮刮刀

一般烘培用品專賣店即可購得。用於將不鏽鋼鍋內的皂液刮至模型內。

降溫冰塊

降溫使用。氫氧化鈉與水混合時候會產生高溫,油溫若加熱也需降溫,在這兩者溫度都尚未達到混合標準時候使用。

保溫工具

最好的選擇就是保麗龍箱,可以就近到住家附近的超市、大賣場尋找看看。作用是手工皂皂化過程中,用於讓變稠的皂液再繼續完成剩餘的皂化工作,變化成一塊好的手工皂。容量大小不限,只要能夠裝下製作出來的手工皂即可。

手套工具

可以選擇手術用的手套,既薄且合手,以方便操作為主,並請在製作手工皂的過程當中完整配戴。因為氫氧化鈉是強鹼,對肌膚會產生傷害,所以務必要全程配戴。如果製作過程中,你的動作較大,就請戴上護目鏡吧!因為過大的動作會使攪拌過程中皂液或其他液體濺出,不慎潑到眼睛。若對氫氧化鈉與水混合時產生的味道覺得不舒服的人,也請配戴口罩,以免身體不適。

切皂工具

可選擇家用的菜刀來切開手工皂,也可以選擇烘培用品店購買的不鏽鋼麵糰切刀,都是不錯的選擇。

親親寶貝系列

寶寶的肌膚是最細緻的，需要媽媽用更多的
關愛給予最溫柔的呵護！使用最天然與最溫
潤的配方為他們製作手工皂吧！在此特別選
擇添加棕櫚核油的配方，使手工作皂保有豐
富的泡沫，卻可免去椰子油過度清潔而給肌
膚帶來的傷害，相信寶寶一定能感受到您的
用心！

嫩黃金盞

製作步驟

1. 製作金盞花浸泡橄欖油。請選用寬瓶口的玻璃容器，準備金盞花50公克、橄欖油1公升，再將金盞花泡入橄欖油內，混合均勻，置放陰涼處至少一個月。

2. 以250公克熱水沖泡20公克金盞花，待茶水冷卻後，濾出221公克金盞花茶備用。

3. 油脂配方依比例放入不鏽鋼鍋內，隔水加熱至攝氏45度（注意別超過攝氏45度囉！）。

4. 將氫氧化鈉加入冷卻的金盞花茶中，並將兩者攪拌至氫氧化鈉完全溶化，降溫至攝氏45度以下。

5. 將步驟4鹼液倒入步驟3油品中，並不斷攪拌約40分鐘使兩者產生皂化反應，直到兩者溶液完全混合成美乃滋狀即為皂液。（鹼液請以少量多次的方式倒入油品中，細心攪拌。）

6. 於已充分攪拌的皂液中加入喜愛的精油。

7. 將步驟5中混合均勻的皂液倒入模型，置入保溫箱，妥善闔上，並蓋上毛巾。（此處的保溫工作可運用保麗龍箱進行。）

8. 待手工皂硬化後（約一至三日）即可取出，並置於通風處使其自然乾燥，約四星期左右即可使用。

✔ 乾性肌膚 　 ✔ 中性肌膚
🌢 油性肌膚 　 ✔ 敏感性肌膚

🌢 **總油重 600公克**

橄欖油	175公克
（金盞浸泡橄欖油）	
棕櫚核油	125公克
杏桃核仁油	75公克
未精緻酪梨油	75公克
乳油木果脂	150公克
金盞花茶	221公克
（金盞花20公克）	
氫氧化鈉	85公克
金盞花	20公克

格子の小叮嚀

　　金盞花含胡蘿蔔素，具有消炎、殺菌的作用，能夠鎮定、舒緩受傷的肌膚。而寶寶細緻的肌膚常為濕疹、尿布疹所苦，身為媽媽的您一定很不捨。使用金盞花來浸泡橄欖油，讓寶寶的沐浴可以很舒適⋯⋯肌膚又能夠得到舒緩。

　　金盞花浸泡橄欖油除了可以製作手工皂，還能夠應用到許多層面，譬如寶寶的尿布濕疹膏，媽媽還可以拿來按摩久站的雙腿，減緩疲勞。

寶貝甘菊

製作步驟

1. 製作洋甘菊浸泡橄欖油。請選用寬瓶口的玻璃容器，準備洋甘菊50公克、橄欖油1公升，再將洋甘菊泡入橄欖油內混合均勻，置放於陰涼處至少一個月。

2. 以250公克熱水沖泡20公克洋甘菊，待茶水冷卻後，濾出216公克洋甘菊花茶備用。

3. 油脂配方依比例放入不鏽鋼鍋內，隔水加熱至攝氏45度（注意別超過攝氏45度囉！）。

4. 將氫氧化鈉加入冷卻的洋甘菊花茶中，並將兩者攪拌至氫氧化鈉完全溶化，降溫至攝氏45度以下。

5. 將步驟4的鹼液倒入步驟3中的油品中，並不斷攪拌約40分鐘使兩者產生皂化反應，直到兩者溶液完全混合成美乃滋狀即為皂液。（鹼液請以少量多次的方式倒入油品中，細心攪拌。）

6. 於已充分攪拌的皂液中加入喜愛的精油。

7. 將步驟5中混合均勻的皂液倒入模型，置入保溫箱，妥善闔上，並蓋上毛巾。（此處的保溫工作可運用保麗龍箱進行。）

8. 手工皂硬化後（約一至三日）即可取出，並置於通風處使其自然乾燥，約四星期左右即可使用。

✓ 乾性肌膚　✓ 中性肌膚
💧 油性肌膚　✓ 敏感性肌膚

💧 **總油重 600公克**

橄欖油	200公克
（洋甘菊浸泡橄欖油）	
棕櫚核油	130公克
榛果油	150公克
蓖麻油	60公克
乳油木果脂	60公克
洋甘菊花茶	216公克
（洋甘菊20公克）	
氫氧化鈉	83公克

格子の小叮嚀

洋甘菊中所含芹菜素，具有鎮定、抗過敏的作用，對肌膚有保濕的作用，除了可以拿來製作手工皂，照顧寶寶的肌膚之外，已有人拿洋甘菊來製作洗髮手工皂，同樣有不錯的效果喔！

洋甘菊具有淡淡的蘋果香味，沖泡出來的花茶除了能鎮定神經、舒緩情緒之外，還是很棒的化妝水；浸泡橄欖油之後，建議可以用於製作護唇膏，滋潤冬季乾燥的嘴唇。

甜蜜乳酪

製作步驟

1. 油脂配方依比例放入不鏽鋼鍋內，隔水加熱至攝氏 45 度（注意別超過攝氏 45 度囉！）。

2. 使用耐高溫內容器（至少攝氏90度）將純水倒入耐熱容器中，再加入氫氧化鈉，將兩者攪拌至氫氧化鈉完全溶化，並降溫至攝氏45度以下。

3. 將步驟2的鹼液倒入步驟1的油中，並不斷攪拌約40分鐘使兩者產生皂化反應，直到兩者溶液完全混合成美乃滋狀即為皂液。（鹼液請以少量多次的方式倒入油品中，並細心攪拌。）

4. 於已充分攪拌的皂液中加入喜愛的精油。

5. 將步驟4中混合均勻的皂液倒入模型，置入保溫箱，妥善闔上，並蓋上毛巾。（此處的保溫工作可運用保麗龍箱進行。）

6. 待手工皂硬化後（約一至三日）即可取出，並置於通風處使其自然乾燥，約四星期左右即可使用。

✔ 乾性肌膚　　✔ 中性肌膚
💧 油性肌膚　　✔ 敏感性肌膚

💧 總油重 600公克

甜杏仁油	180公克
棕櫚核油	100公克
未精緻酪梨油	180公克
乳油木果脂	140公克
水	213公克
氫氧化鈉	82公克

格子の小叮嚀

使用清柔的甜杏仁油搭配深綠色的未精緻酪梨油，調配給寶寶使用的嬰兒手工皂……加上滋潤的乳油木果脂，溫和又滋潤。這塊手工皂不僅適合新生寶寶使用，也非常適合乾燥、敏感的肌膚使用喔！

艾草平安

製作步驟

1. 以250公克熱水沖泡15公克芙蓉＆15公克艾草，待茶水冷卻後，濾出210公克芙蓉艾草水備用。

2. 油脂配方依比例放入不鏽鋼鍋內，隔水加熱至攝氏45度（注意別超過攝氏45度囉！）。

3. 將氫氧化鈉加入冷卻的艾草芙蓉水中，並將兩者攪拌至氫氧化鈉完全溶化，並降溫至攝氏45度以下。

4. 將鹼液倒入油中，並不斷攪拌約40分鐘使兩者產生皂化反應，直至兩者溶液完全混合成美乃滋狀即為皂液。（鹼液請以少量多次的方式倒入油品中，並細心攪拌。）

5. 於已充分攪拌的皂液中加入喜愛的精油。

6. 將步驟5中混合均勻的皂液到入模型，置入保溫箱，妥善闔上，並蓋上毛巾。（此處的保溫工作可運用保麗龍箱進行。）

7. 待手工皂硬化後（約一至三日）即可取出，並置於通風處使其自然乾燥，約四星期左右即可使用。

✔ 乾性肌膚　✔ 中性肌膚
✔ 油性肌膚　✔ 敏感性肌膚

💧 總油重 600公克

橄欖油	210公克
棕櫚油	90公克
椰子油	90公克
甜杏仁油	60公克
未精緻酪梨油	60公克
蓖麻油	30公克
乳油木果脂	60公克
芙蓉艾草水	210公克
（乾燥芙蓉15公克）	
（乾燥艾草15公克）	
氫氧化鈉	84公克

格子の小叮嚀

　芙蓉與艾草，是沿用已久的避邪藥草。老祖母會在嬰兒的洗澡水裡加一把曬乾的芙蓉艾草，避免嬰兒受驚，使孩子能安穩入眠，一暝大一寸……那就把這種對於平安的期待直接溶入手工皂中吧！讓活潑的孩子每天都能夠平平安安！從外頭嬉鬧遊玩回家後，透過洗澎澎就可以洗淨髒污祈求平安！

滋潤橄欖

製作步驟

1. 根據油脂配方依比例放入不鏽鋼鍋內，隔水加熱至攝氏 45 度（注意別超過攝氏 45 度囉！）。

2. 使用耐高溫的容器（至少攝氏 90 度）將純水倒入耐熱容器中，再加入氫氧化鈉，將兩者攪拌至氫氧化鈉完全溶化，並降溫至攝氏 45 度以下。

3. 將步驟 2 的鹼液倒入步驟 1 的油品中，並不斷攪拌約 60 分鐘使兩者產生皂化反應，直至兩者溶液完全混合成美乃滋狀即為皂液。（鹼液請以少量多次的方式倒入油品中，並細心攪拌。）

4. 於已充分攪拌的皂液中加入喜愛的精油。

5. 將步驟 4 中混合均勻的皂液倒入模型，置入保溫箱，妥善闔上，並蓋上毛巾。（此處的保溫工作可運用保麗龍箱進行。）

6. 待手工皂硬化後（約一至三日）即可取出，並置於通風處使其自然乾燥，約六星期左右即可使用。

✓ 乾性肌膚　　✓ 中性肌膚
🌢 油性肌膚　　✓ 敏感性肌膚

🌢 **總油重 600公克**

橄欖油	540公克
橄欖脂	60公克
水	201公克
氫氧化鈉	80公克

格子の小叮嚀

　　傳統的 100% 純橄欖油手工皂滋潤度高，保濕的洗感一直是手工皂的愛好者所推崇的，但是卻有容易軟爛、使用起來不順手的小缺點，常常因為浴室中的潮溼水氣，使手工皂爛爛糊糊的……此款運用橄欖脂的添加來製作芒分百純橄欖手工皂，僅 10% 就可以有顯著的效果！請你一定要親自體驗橄欖手工皂的溫柔感受！不僅寶寶適合使用，敏感性肌膚、乾性肌膚也很適合呢！

甜杏羊乳

製作步驟

1. 請先將新鮮羊乳保存於冷凍庫，讓羊乳呈現半奶半水的冰沙狀態。

2. 充分搖晃羊乳冰沙，使羊乳與冰沙混合均勻。

3. 準備一鍋充滿冰塊的鍋子，準備溶化氫氧化鈉與羊乳隔水降溫使用。

4. 將氫氧化鈉加入羊乳冰沙中（請以少量多次的方式），並同時將耐熱容器放置在步驟3中降溫，並將羊乳攪拌至氫氧化鈉完全溶化，全程請控制混合溫度在攝氏20度上下。（請一邊加入氫氧化鈉，一邊持續攪拌，此步驟需要花很多時間，請耐心操作。）

5. 根據油脂配方依比例放入不鏽鋼鍋內，隔水加熱至攝氏30度左右。

6. 將步驟4的鹼液倒入步驟5中的油中，並不斷攪拌約40分鐘使兩者起皂化反應，直到兩者溶液完全混合成美乃滋狀即為皂液，即可進行下個步驟。（鹼液請少量、分多次倒入油中，並細心攪拌。）

7. 在已充分攪拌的皂液中加入所喜愛的精油。

8. 將步驟5中混合均勻的皂液倒入模子中，置入保溫箱，妥善蓋好，並蓋上毛巾。（此處的保溫工作可用保麗龍箱來完成保溫動作。）

9. 待手工皂硬化後（約一至三日）即可取出，並放於通風處讓其自然乾燥，約六至八星期左右即可使用。

√ 乾性肌膚　√ 中性肌膚
💧 油性肌膚　√ 敏感性肌膚

💧 總油重 600公克

甜杏仁油	432公克
棕櫚核油	108公克
白油	60公克
羊乳	330公克
氫氧化鈉	84公克

格子の小叮嚀

純羊乳手工皂製作過程不易、操作也很辛苦，請耐心製作，相信完成後的成果會出乎你的意料！純羊乳質地非常溫和而且滋潤；搭配甜杏仁油與溫和起泡的棕櫚核油來製作手工皂，豪華的配方不僅適合寶貝細緻的肌膚，在冬季用於洗臉也會意外發現它驚人的觸感。

Part 02

超咕溜──
變身素顏美人

無論是省錢有術的小資女孩們，或是朝九晚五的職業媽咪們，除了工作壓力外還要忙碌於家庭生活。充滿倦容的肌膚，一不小心就會使肌膚拉警報。好好善待自己吧！透過愉快的沐浴讓肌膚就能夠獲得最充分的壓力釋放，保養就從最基本的清潔工作著手吧！

微紫森林

製作步驟

1. 製作薰衣草浸泡橄欖油。請選用寬瓶口的玻璃容器，準備薰衣草50公克．橄欖油1公升，再將薰衣草泡入橄欖油內，混合均勻，置放陰涼處最少一個月。

2. 以250公克熱水沖泡15公克薰衣草花，待茶水冷卻後，濾出221公克薰衣草花茶備用。

3. 將油脂配方依比例放入不鏽鋼鍋內，隔水加熱至攝氏45度。（不可超過攝氏45度唷！）

4. 將氫氧化鈉加入冷卻的薰衣草茶中，並將兩者攪拌至氫氧化鈉完全溶化，降溫至攝氏45度以下。

5. 將步驟4的鹼液倒入步驟3中的油品中，並不斷攪拌約40分鐘使兩者產生皂化反應，直至兩者溶液完全混合成美乃滋狀即為皂液。（鹼液請以少量多次的方式倒入油品中，並細心攪拌。）

6. 於已充分攪拌的皂液中加入喜愛的精油。

7. 將步驟5中混合均勻的皂液倒入模型，置入保溫箱，妥善闔上，並蓋上毛巾。（此處的保溫工作可運用保麗龍箱進行。）

8. 待手工皂硬化後（約一至三日）即可取出，並置於通風處讓其自然乾燥，約四星期左右即可使用。

✓ 乾性肌膚　✓ 中性肌膚
✓ 油性肌膚　💧 敏感性肌膚

🖤 **總油重 600公克**

橄欖油	250公克
（薰衣草浸泡橄欖油）	
棕櫚油	80公克
椰子油	80公克
大麻子油	30公克
琉璃苣油	30公克
蓖麻油	30公克
白油	100公克
薰衣草花茶	221公克
（薰衣草花15公克）	
氫氧化鈉	85公克

格子の小叮嚀

　　薰衣草香味芬芳，是大多數人都能接受的香草植物。浸泡入橄欖油，會有淡淡的薰衣草氣息。搭配清爽的配方來製作手工皂，讓舒服的夏季沐浴變得更愉悅。

　　薰衣草用途廣泛。在清潔地板的水裡頭滴入幾滴薰衣草精油，可以防止螞蟻的入侵，室內空氣也會變得芳香怡人。

永久美麗

製作步驟

1. 製作永久花浸泡橄欖油。請選用寬瓶口的玻璃容器，準備永久花50公克、橄欖油1公升，再將永久花泡入橄欖油內，混合均勻，置放陰涼處最少一個月。

2. 以250公克熱水沖泡20公克永久花，待茶水冷卻後，濾出224公匸永久花茶備用。

3. 根據油脂配方依比例放入不鏽鋼鍋內，隔水加熱至攝氏45度。（不可超過攝氏45度唷！）

4. 將氫氧化鈉加入冷卻的永久花茶中，並將兩者攪拌至氫氧化鈉完全溶化，降溫至攝氏45度以下。

5. 將步驟4的鹼液倒入步驟3的油品中，並不斷攪拌約40分鐘使兩者產生皂化反應，直至兩者溶液完全混合成美乃滋狀即為皂液。（鹼液請以少量多次的方式倒入油品中，並細心攪拌。）

6. 於已充分攪拌的皂液中加入粉紅石泥與喜愛的精油。

7. 將步驟5中混合均勻的皂液倒入模型，置入保溫箱，妥善闔上，並蓋二毛巾。（此處的保溫工作可運用保麗龍箱進行。）

8. 待手工皂硬化後（約一至三日）即可取出，並置於通風處讓其自然乾燥，約四星期左右即可使用。

✓ 乾性肌膚　　✓ 中性肌膚
🌢 油性肌膚　　✓ 敏感性肌膚

🌢 **總油重 600公克**

橄欖油	120公克
（永久花浸泡橄欖油）	
棕櫚油	90公克
椰子油	90公克
澳洲胡桃油	90公克
杏桃核仁油	90公克
蓖麻油	30公克
白油	90公克
永久花茶	224公克
（永久花20公克）	
氫氧化鈉	86公克
粉紅石泥	20公克

格子の小叮嚀

　　永久花像金黃般的太陽，蘊藏著青春的奧祕。花朵呈現金黃鮮亮，花朵即使乾枯也不變色、脫落，失去光澤，又名「永久花」或「不凋花」，是一種帶有渾厚蜂蜜香味的香草植物。永久花含有豐富的橙花酸，能增加肌膚循環，促進再生、活化；預防肌膚老化。使用橄欖油將它的美麗保存下來吧！搭配滋潤的澳洲胡桃油來製作手工皂，紓解女人每天因公事、家事造成的疲憊，藉由沐浴煥然一新！

粉嫩潤澤

製作步驟

1. 製作玫瑰花浸泡橄欖油。請選用寬平口的玻璃容器，準備玫瑰花50公克、橄欖油1公升，再將玫瑰花泡入橄欖油內，混合均勻，置放陰涼處最少一個月。

2. 以250公克熱水沖泡20公克玫瑰花，待茶水冷卻後，濾出219公克玫瑰花茶備用。

3. 將油脂配方依比列放入不鏽鋼鍋內，隔水加熱至攝氏45度。（不可超過攝氏45度喔！）

4. 將氫氧化鈉加入冷卻的玫瑰花茶中，並將兩者攪拌至氫氧化鈉完全溶化，降溫至攝氏45度以下。

5. 將步驟4的鹼液倒入步驟3的油品中，並不斷攪拌約40分鐘使兩者產生皂化反應，直至兩者溶液完全混合成美乃滋狀即為皂液。（鹼液請以少量多次的方式倒入油中，並細心攪拌。）

6. 於已充分攪拌的皂液中，加入預先製作完成的玫瑰乳霜與喜愛的精油。

7. 將步驟5中混合均勻的皂液倒入模型，置入保溫箱，妥善闔上，並蓋上毛巾。（此處的保溫工作可運用保麗龍箱進行。）

8. 待手工皂硬化後（約一至三日）即可取出，並置於通風處使其自然乾燥，約四星期左右即可使用。

✓ 乾性肌膚　✓ 中性肌膚
✓ 油性肌膚　💧 敏感性肌膚

💧 **總油重 600公克**

橄欖油	100公克
（玫瑰花浸泡橄欖油）	
棕櫚油	125公克
椰子油	125公克
玫瑰果油	75公克
荷荷巴油	75公克
白油	100公克
玫瑰花茶	219公克
（玫瑰花20公克）	
氫氧化鈉	84公克

格子の小叮嚀

玫瑰花是優雅的代名詞，他的保濕、滋潤效果一直為人稱讚。此塊手工皂搭配色彩豐富的玫瑰果油製作，加上玫瑰花茶與特製的玫瑰乳霜入皂，滋潤效果大大提升。讓玫瑰花的美麗在你的舉手投足之間充滿迷人的豐采，自然的散發出迷人清香。

格子推薦延伸製作——玫瑰乳霜（50公克）

乳油木果脂5公克、橄欖蠟3公克、抗菌劑1公克、玫瑰精油10滴、茉莉精油10滴、玫瑰花水41公克

製作步驟 1.將乳油木果脂與橄欖蠟以比例量好，置於燒杯內，隔水加熱至兩者充分融化。2.於燒杯內加入玫瑰花水（分2至3次倒入），細心攪拌均勻至完全成乳霜狀。3.待溫度稍微下降，再加入抗菌劑與精油，攪拌均勻即完成。

陽光乳果

製作步驟

1. 將150公克純水 & 150公克胡蘿蔔榨汁後，過濾胡蘿蔔纖維，濾出228公克胡蘿蔔汁，放入冰箱備用。（亦可使用慢磨機榨汁，遞慮纖維。）

2. 將油脂配方依比例放入不鏽鋼鍋內，隔水加熱至攝氏45度。（不可超過攝氏45度唷！）

3. 將氫氧化鈉加入胡蘿蔔汁中，將氫氧化鈉攪拌至完全溶化，並降溫至攝氏45度以下。

4. 將步驟3的鹼液倒入步驟2的油品中，並不斷攪拌約40分鐘使兩者產生皂化反應，直至兩者溶液完全混合成美乃滋狀即為皂液。（鹼液請以少量多次的方式倒入油品中，細心攪拌。）

5. 於已充分攪拌的皂液中加入喜愛的精油。

6. 將步驟5中混合均勻的皂液到入模型，置入保溫箱，妥善闔上，並蓋上毛巾。（此處的保溫工作可運用保麗龍箱進行。）

7. 待手工皂硬化後（約一至三日）即可取出，並置於通風處使其自然乾燥，約四星期左右即可使用。

✔ 乾性肌膚　✔ 中性肌膚
◌ 油性肌膚　✔ 敏感性肌膚

💧 **總油重 600公克**

橄欖油	100公克
棕櫚果油	125公克
椰子油	125公克
乳油木果脂	125公克
澳洲胡桃油	125公克
胡蘿蔔汁	228公克
（胡蘿蔔150公克）	
（水150克）	
氫氧化鈉	88公克

格子の小叮嚀

　　充滿陽光色彩的胡蘿蔔汁，富含豐沛的維他命A，搭配擁有美麗色彩的棕櫚果油來製作手工皂，不僅可以修復肌膚的傷口，還可將天然的美麗色彩延長保留於手工皂中呢！

麥芽穀物

製作步驟

1. 將油脂配方依比例放入不鏽鋼鍋內，隔水加熱至攝氏45度。（不可超過攝氏45度唷！）

2. 將氧化鈉加入純水中，並將兩者攪拌至氫氧化鈉完全溶化，降溫至攝氏45度以下。

3. 將步驟2的鹼液倒入步驟1中的油品中，並不斷攪拌約40分鐘使兩者產生皂化反應，直至兩者溶液完全混合成美乃滋狀即為皂液。（鹼液請以少量多次的方式倒入油品中，細心攪拌。）

4. 於已充分攪拌的皂液中加入麥芽穀物粉及喜愛的精油。

5. 將步驟4中混合勻勻的皂液倒入模型，置入保溫箱，妥善闔上，並蓋上毛巾。（此處的保溫工作可運用保麗龍箱進行。）

6. 待手工皂硬化後（約一至三日）即可取出，並置於通風處使其自然乾燥，約四星期左右即可使用。

✓ 乾性肌膚　✓ 中性肌膚
✓ 油性肌膚　✓ 敏感性肌膚

💧 **總油重 600公克**

橄欖油	150公克
棕櫚油	150公克
椰子油	150公克
小麥胚芽油	30公克
蓖麻油	60公克
白油	60公克
水	231公克
氫氧化鈉	89公克
麥芽穀物粉	12公克

格子の小叮嚀

富含維他命E的小麥胚芽油具有抗氧化的作用；搭配天然穀物的溫和去角質作用，使老舊的皮質汰舊換新，恢復神采，肌膚水噹噹。

Part 03

超水嫩——
清爽深層潔淨

肌膚最在乎的就是清潔與舒爽的感覺。搭配
許多天然的草本植物添加在手工皂中，除了
質純溫和之外，更能夠讓草本的清香感受保
留在清潔與沐浴的過程。此單元新添加清爽
的洗髮手工皂，讓頭皮更能愉快的感受到充
分洗淨的舒適。

蕁麻潔淨

製作步驟

1. 製作蕁麻葉浸泡橄欖油。請選用寬瓶口的玻璃容器，準備蕁麻葉粉20公克、橄欖油1公升，再將蕁麻葉粉泡入橄欖油內，混合均勻後，置放陰涼處最少一個月。

2. 將油脂配方依比例放入不鏽鋼鍋內，隔水加熱至攝氏45度。（不可超過攝氏45度唷！）

3. 將氫氧化鈉加入純水，並將氫氧化鈉攪拌至完全溶化，降溫至攝氏45度以下。

4. 將步驟3的鹼液倒入步驟2中的油品中，並不斷攪拌約40分鐘使兩者產生皂化反應，直至兩者溶液完全混合成美乃滋狀即為皂液。（鹼液請以少量多次的方式倒入油品中，細心攪拌。）

5. 於已充分攪拌的皂液中加入蕁麻葉粉與喜愛的精油。

6. 將步驟5中混合均勻的皂液倒入模型，置入保溫箱，妥善闔上，並蓋上毛巾。　此處的保溫工作可運用保麗龍箱進行。

7. 待手工皂硬化後（約一至三日）即可取出，並置於通風處使其自然乾燥，約四星期左右即可使用。

乾性肌膚　✓ 中性肌膚
✓ 油性肌膚　敏感性肌膚

● 總油重 600公克

橄欖油	110公克
（蕁麻葉浸泡橄欖油）	
棕櫚油	125公克
椰子油	125公克
米糠油	120公克
蓖麻油	60公克
白油	60公克
水	226公克
氫氧化鈉	87公克
蕁麻葉粉（入皂）	3公克

格 子 の 小 叮 嚀

蕁麻葉可促進循環、加速代謝，並舒緩疲勞。能夠平衡油脂，對乾燥龜裂的肌膚也有修復的作用。此處運用平衡油脂功能來製作清爽洗感的手工皂，搭配蕁麻葉深綠色的色彩，讓手工皂除了洗淨功用之外，更添加厚實的深綠色澤。

烏龍抹綠

製作步驟

1. 以250公克熱水沖泡20公克高山烏龍茶葉，待茶水冷卻後，濾出208公克高山烏龍茶，放入冰箱備用。

2. 將油脂配方依比例放入不鏽鋼鍋內，隔水加熱至攝氏45度。（不可超過攝氏45度唷！）

3. 將氫氧化鈉加入冷卻的高山烏龍茶中，並將氫氧化鈉攪拌至完全溶化，降溫至攝氏45度以下。

4. 將步驟3的鹼液倒入步驟2的油品中，並不斷攪拌約40分鐘使兩者產生皂化反應，直至兩者溶液完全混合成美乃滋狀即為皂液。（鹼液請以少量多次的方式倒入油品中，細心攪拌。）

5. 於已充分攪拌的皂液中加入喜愛的精油。

6. 將步驟5中混合均勻的皂液倒入模型，置入保溫箱，妥善闔上，並蓋上毛巾。（此處的保溫工作可運用保麗龍箱進行。）

7. 待手工皂硬化後（約一至三日）即可取出，並置於通風處使其自然乾燥，約六星期左右即可使用。

乾性肌膚　✓中性肌膚
✓油性肌膚　敏感性肌膚

總油重 600公克

橄欖油	60公克
棕櫚油	120公克
椰子油	120公克
桐油	120公克
葵花籽油	60公克
大麻籽油	60公克
白油	60公克
高山烏龍茶	208公克
（高山烏龍茶葉20公克）	
氫氧化鈉	80公克

格子の小叮嚀

　　清香的高山烏龍茶，永遠是不膩口的飲料。沖泡濃濃的烏龍茶來製作手工皂，除了手工皂當中保留怡人的茶香之外，也能讓肌膚更能夠感受到溫和潔淨的感受。搭配泡沫豐沛的桐油來製作手工皂，洗淨感受清爽又舒服。長期使用烏龍茶手工皂更能夠讓肌膚上的粉刺與痘痘肌膚獲得改善，舒緩過敏現象！

檸檬輕爽

製作步驟

1. 將新鮮檸檬壓汁，去除水果纖維之後，加水調出226公克檸檬汁備用。

2. 將油脂配方依比例放入不鏽鋼鍋內，隔水加熱至攝氏45度。（不可超過攝氏45度唷！）

3. 將氫氧化鈉加入檸檬汁中，並將氫氧化鈉攪拌至完全溶化，降溫至攝氏45度以下。

4. 將步驟3的鹼液倒入步驟2的油品中，並不斷攪拌約40分鐘使兩者產生皂化反應，直至兩者溶液完全混合成美乃滋狀即為皂液。（鹼液請以少量多次的方式倒入油品中，細心攪拌。）

5. 於已充分攪拌的皂液中加入喜愛的精油。

6. 將步驟5口混合均勻的皂液倒入模型，置入保溫箱，妥善闔上，並蓋上毛巾。（此處的保溫工作可運用保麗龍箱進行。）

7. 待手工皂硬化後（約一至三日）即可取出，並置於通風處使其自然乾燥，約四星期左右即可使用。

💧 乾性肌膚　✔ 中性肌膚
✔ 油性肌膚　💧 敏感性肌膚

💧 總油重 600公克

橄欖油	120公克
棕櫚油	120公克
椰子油	120公克
芝麻油	60公克
葡萄籽油	60公克
白油	120公克
檸檬汁	226公克
（檸檬3顆）	
氫氧化鈉	87公克

格子の小叮嚀

檸檬專屬的清香是夏日飲品當中非常受歡迎的，使用在居家清潔上也有令人驚豔的效果，當然運用於肌膚也是很不錯的。搭配葡萄籽油來製作清爽的夏日手工皂，可讓油性膚質在檸檬芳香的清潔作用與葡萄籽油清爽的觸感下，度過愉快的季節。

薄荷清涼

製作步驟

1. 以250公克熱水沖泡20公克薄荷葉，待茶水冷卻後，濾出218公克薄荷茶，放入冰箱備用。

2. 將油脂配方依比例放入不鏽鋼鍋內，隔水加熱至攝氏45度。（不可超過攝氏45度唷！）

3. 將氫氧化鈉加入冷卻的薄荷茶中，並將氫氧化鈉攪拌至完全溶化，降溫至攝氏45度以下。

4. 將步驟3的鹼液倒入步驟2的油品中，並不斷攪拌約40分鐘使兩者產生皂化反應，直至兩者溶液完全混合成美乃滋狀即為皂液。（鹼液請以少量多次的方式倒入油品中，細心攪拌。）

5. 於已充分攪拌的皂液中加入喜愛的精油。

6. 將步驟5中混合均勻的皂液倒入模型，置入保溫箱，妥善闔上，並蓋上毛巾。（此處的保溫工作可運用保麗龍箱進行。）

7. 待手工皂硬化後（約一至三日）即可取出，並置於通風處使其自然乾燥，約六星期左右即可使用。

乾性肌膚　✔ 中性肌膚
✔ 油性肌膚　敏感性肌膚

總油重 600公克

荷荷巴油	60公克
棕櫚油	120公克
椰子油	120公克
蓖麻油	60公克
桐油	120公克
白油	120公克
薄荷茶	218公克
（薄荷葉20公克）	
氫氧化鈉	84公克
薄荷腦	6公克

格子の小叮嚀

　　薄荷清新的氣息與涼爽的味道，是夏季的最好搭檔。不管用於沖泡飲用或用於製作手工皂，都是家庭不可或缺的一款夏日配方。建議搭配油性膚質適用的荷荷芭油與泡沫豐富的桐油、蓖麻油來製作清爽的手工皂，請你一定要動手試試看唷！

綠草如茵

製作步驟

1. 製作迷迭香浸泡橄欖油。請選用寬瓶口的玻璃容器，準備迷迭香50公克、橄欖油1公升，再將迷迭香泡入橄欖油內，混合均勻，置放陰涼處最少一個月。

2. 以250公克熱水沖泡20公克迷迭香，待茶水冷卻後，濾出224公克迷迭香茶，放入冰箱備用。

3. 將50公克廣霍香榨成汁，濾除纖維，也一併加入冷卻的迷迭香茶中。

4. 將油脂配方依比例放入不鏽鋼鍋內，隔水加熱至攝氏45度。（不可超過攝氏45度唷！）

5. 將氫氧化鈉加入冷卻的迷迭香茶中，並將氫氧化鈉攪拌至完全溶化，降溫至攝氏45度以下。

6. 將步驟5的鹼液倒入步驟4的油品中，並不斷攪拌約40分鐘使兩者產生皂化反應，直至兩者溶液完全混合成美乃滋狀即為皂液。（鹼液請以少量多次的方式倒入油品中，細心攪拌。）

7. 於已充分攪拌的皂液中加入喜愛的精油。

8. 將步驟5中混合均勻的皂液倒入模型，置入保溫箱，妥善闔上，並蓋上毛巾。（此處的保溫工作可運用保麗龍箱進行。）

9. 待手工皂硬化後（約一至三日）即可取出，並置於通風處使其自然乾燥，約四星期左右即可使用。

✔ 乾性肌膚　✔ 中性肌膚
✔ 油性肌膚　◐ 敏感性肌膚

🌢 總油重 600公克

橄欖油	100公克
（迷迭香浸泡橄欖油）	
棕櫚油	100公克
椰子油	100公克
未精緻酪梨油	60公克
米糠油	120公克
白油	120公克
迷迭香茶	224公克
（迷迭香20公克）	
（廣霍香50公克）	
氫氧化鈉	86公克

格子 の 小叮嚀

迷迭香特殊的氣息，可刺激腦部與中樞神經，消除神經疲勞、舒緩頭痛與偏頭痛的狀況，對於肌肉痠痛，與放鬆四肢都有不錯的效果。使用於泡澡有助於血液循環、治療風濕痠痛，並同時解決頭皮屑及掉髮的煩惱。搭配未精緻酪梨油與可以消炎抗菌的廣霍香來製作帶有綠色草原氣息的手工皂，再加上清爽的米糠油，絕對清新又怡人。

海泥清涼

製作步驟

1. 以250公克熱水沖泡20公克薄荷葉，待茶水冷卻後，濾出229公克薄荷茶，放入冰箱備用。

2. 將油脂配方依比例放入不鏽鋼鍋內，隔水加熱至攝氏45度。（不可超過攝氏45度唷！）

3. 將氫氧化鈉加入冷卻的薄荷茶中，並將氫氧化鈉攪拌至完全溶化，降溫至攝氏45度以下。

4. 將步驟3的鹼液倒入步驟2的油品中，並不斷攪拌約40分鐘使兩者產生皂化反應，直至兩者溶液完全混合成美乃滋狀即為皂液。（鹼液請以少量多次的方式倒入油品中，細心攪拌。）

5. 於已充分攪拌的皂液中加入死海泥及喜愛的精油。

6. 將步驟5中混合均勻的皂液倒入模型，置入保溫箱，妥善闔上，並蓋上毛巾。（此處的保溫工作可運用保麗龍箱進行。）

7. 待手工皂硬化後（約一至三日）即可取出，並置於通風處使其自然乾燥，約六星期左右即可使用。

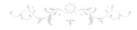
✔乾性肌膚　✔中性肌膚
✔油性肌膚　●敏感性肌膚

◆總油重 600公克

橄欖油	120公克
棕櫚油	120公克
椰子油	120公克
桐油	60公克
山茶花油	60公克
白油	120公克
薄荷茶	229公克
（薄荷葉20公克）	
氫氧化鈉	88公克
死海泥	20公克
薄荷腦	6公克

格子の小叮嚀

死海泥對血液循環、紓解緊張、新陳代謝、延緩老化有極佳效果，添加至洗髮手工皂中可以適度提供給髮根養分，讓頭皮與毛囊更健康。搭配清涼的薄荷與清爽泡沫又豐富的桐油來製作手工皂，加上能夠滋養頭皮的山茶花油，不論是乾性膚質或有掉髮問題都能夠安心使用。

輕柔髮梢

製作步驟

1. 以250公克熱水沖泡20公克洋甘菊，待茶水冷卻後，濾出216公克洋甘菊花茶，放入冰箱備用。

2. 將油脂配方依比例放入不鏽鋼鍋內，隔水加熱至攝氏45度。（不可超過攝氏45度唷！）

3. 將氫氧化鈉加入冷卻的洋甘菊花茶中，並將氫氧化鈉攪拌至完全溶化，降溫至攝氏45度以下。

4. 將步驟3的鹼液倒入步驟2的油品中，並不斷攪拌約40分鐘使兩者產生皂化反應，直至兩者溶液完全混合成美乃滋狀即為皂液。（鹼液請以少量多次的方式倒入油品中，細心攪拌。）

5. 於已充分攪拌的皂液中加入喜愛的精油。

6. 將步驟5中混合均勻的皂液倒入模型，置入保溫箱，妥善闔上，並蓋上毛巾。（此處的保溫工作可運用保麗龍箱進行。）

7. 待手工皂硬化後（約一至三日）即可取出，並置於通風處使其自然乾燥，約六星期左右即可使用。

乾性肌膚　✓ 中性肌膚
✓ 油性肌膚　　敏感性肌膚

● 總油重 600公克

荷荷巴油	120公克
椰子油	180公克
蓖麻油	60公克
苦茶油	120公克
山茶花油	120公克
洋甘菊花茶	216公克
（洋甘菊20公克）	
氫氧化鈉	83公克

格 子 の 小 叮 嚀

　　洋甘菊除了對肌膚有很多好處之外，還能提供頭皮很好的滋養。針對油性膚質頭皮所製作的洗髮手工皂，使頭皮能擺脫市售洗髮精的化學殘留，且柔軟有光澤。若你又有頭皮屑的煩惱，建議還可在茶水中添加迷迭香一起沖泡，可提高去頭皮屑的作用喔！

Part 04

超平衡——
戰勝敏感痘痘肌

花樣年華卻因為油脂分泌旺盛狂冒痘痘而尷
尬嗎？一起動手來製作質地溫和不傷害肌
膚，而且又能夠清潔肌膚的香皂來保持清爽
的超平衡膚質吧！

茶樹抗菌

製作步驟

1. 將廣霍香榨成汁，濾除纖維之後，加水調出218公克廣霍香水，放入冰箱備用。

2. 將油脂配方依比例放入不鏽鋼鍋內，隔水加熱至攝氏45度。（不可超過攝氏45度唷！）

3. 將氫氧化鈉加入廣霍香水中，並將氫氧化鈉攪拌至完全溶化，降溫至攝氏45度以下。

4. 將步驟3的鹼液倒入步驟2的油品中，並不斷攪拌約40分鐘使兩者產生皂化反應，直至兩者溶液完全混合成美乃滋狀即為皂液。（鹼液請以少量多次的方式倒入油品中，細心攪拌。）

5. 於已充分攪拌的皂液中加入礦泥粉及喜愛的精油。

6. 將步驟5中混合均勻的皂液倒入模型，置入保溫箱，妥善闔上，並蓋上毛巾。（此處的保溫工作可運用保麗龍箱進行。）

7. 待手工皂硬化後（約一至三日）即可取出，並置於通風處讓其自然乾燥，約四星期左右即可使用。

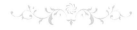

乾性肌膚　✔ 中性肌膚
✔ 油性肌膚　　敏感性肌膚

總油重 600公克

橄欖油	180公克
棕櫚油	120公克
椰子油	120公克
蓖麻油	60公克
荷荷巴油	60公克
白油	60公克
廣霍香水	218公克
（廣霍香100公克）	
氫氧化鈉	84公克
薄荷腦	12公克
茶樹精油	3公克
象牙白石泥	5公克
綠石泥	5公克
硫磺粉	3公克

格子 の 小叮嚀

使用日常生活當中最常見的廣霍香加入手工皂，特殊的藥草氣味經過皂化作用之後，反倒不如原本那樣濃烈。其消炎、殺菌的效果不錯，再放入一些些硫磺粉，可讓殺菌效果更上一層。搭配綠石泥的深層清潔效果與象牙白石泥的收斂效果，消炎、抗菌效果更棒。

紫草抗敏

製作步驟

1. 製作紫草浸泡橄欖油。請選用寬瓶口的玻璃容器,準備紫草50公克、橄欖油1公升,再將紫草泡入橄欖油內,混合均勻,置放陰涼處最少一個月。

2. 將油脂配方依比例放入不鏽鋼鍋內,隔水加熱至攝氏45度。(不可超過攝氏45度唷!)

3. 將氫氧化鈉加入純水中,並將氫氧化鈉攪拌至完全溶化,並且降溫至攝氏45度以下。

4. 將步驟3的鹼液倒入步驟2的油品中,並不斷攪拌約40分鐘使兩者產生皂化反應,直至兩者溶液完全混合成美乃滋狀即為皂液。(鹼液請以少量多次的方式倒入油品中,細心攪拌。)

5. 於已充分攪拌的皂液中加入月見草油及喜愛的精油。

6. 將步驟5中混合均勻的皂液倒入模型,置入保溫箱,妥善闔上,並蓋上毛巾。(此處的保溫工作可運用保麗龍箱進行。)

7. 待手工皂硬化後(約一至三日)即可取出,並置於通風處使其自然乾燥,約六星期左右即可使用。

乾性肌膚　✔ 中性肌膚
✔ 油性肌膚　✔ 敏感性肌膚

💧 總油重 600公克

橄欖油	180公克
(紫草浸泡橄欖油)	
棕櫚核油	120公克
米糠油	120公克
未精緻酪梨油	120公克
葡萄籽油	60公克
月見草油	6公克
(超脂使用)	
水	213公克
氫氧化鈉	82公克
薄荷腦	6公克

格子の小叮嚀

　　神奇的紫草,一直是製作手工皂很熱門的配方之一。不僅能夠消炎、抗痘,所製作的手工皂也擁有美麗的一身紫色氣息。此處意外發現紫草浸泡橄欖油搭配未精緻酪梨油來製作手工皂,擁有深層的綠色氣息。很適合敏感又容易長痘痘的肌膚使用,溫和清潔卻又不刺激!

　　此處月見草油是在手工皂已經形成濃稠的皂液後才加入,算是超脂使用的作法。主要是希望月見草油對抗濕疹肌膚的作用能夠提高。但因為是超脂使用,所以會縮短保存期限,建議儘早使用完畢唷!

潔淨消炎

製作步驟

1. 將油脂配方依比例放入不鏽鋼鍋內，隔水加熱至攝氏45度。（不可超過攝氏45度唷！）

2. 將氫氧化鈉加入純水中，並將氫氧化鈉攪拌至完全溶化，降溫至攝氏45度以下。

3. 將步驟2的鹼液倒入步驟1的油品中，並不斷攪拌約40分鐘使兩者產生皂化反應，直至兩者溶液完全混合成美乃滋狀即為皂液。（鹼液請以少量多次的方式倒入油品中，細心攪拌。）

4. 於已充分攪拌的皂液中加入白石泥及茶樹精油。

5. 將步驟5中混合均勻的皂液倒入模型，置入保溫箱，妥善闔上，並蓋上毛巾。（此處的保溫工作可運用保麗龍箱進行。）

6. 待手工皂硬化後（約一至三日）即可取出，並置於通風處使其自然乾燥，約四星期左右即可使用。

● 乾性肌膚　✓ 中性肌膚
✓ 油性肌膚　● 敏感性肌膚

● 總油重 600公克

橄欖油	160公克
棕櫚油	100公克
椰子油	100公克
葵花籽油	60公克
米糠油	120公克
白油	60公克
水	224公克
氫氧化鈉	86公克
白石泥	10公克
茶樹精油	3公克

格子の小叮嚀

　　如果手邊都沒有特殊的草本植物，那麼建議製作只需油脂配方的抗痘好手工皂。痘痘肌最注重的就是清潔，葵花子油、米糠油就是在油品搭配中最划算也最清爽的配方之一，快動手試試看吧！便宜一樣有好品質的！

清爽菊瓣

製作步驟

1. 以250公克熱水沖泡10公克普洱茶葉＆10公克菊花茶葉，待茶水冷卻後，慮出213公克普洱艾菊花茶，放入冰箱備用。

2. 根據油脂配方伐比例放入不鏽鋼鍋內，隔水加熱至攝氏45度。（不可超過攝氏45度唷！）

3. 將氫氧化鈉加入冷卻的菊普茶水中，並將氫氧化鈉攪拌至完全溶化，降溫至攝氏45度以下。

4. 將步驟3的鹼液倒入步驟2的油品中，並不斷攪拌約40分鐘使兩者產生皂化反應，直至兩者溶液完全混合成美乃滋狀即為皂液。（鹼液請以少量多次的方式倒入油品中，細心攪拌。）

5. 於已充分攪拌的皂液中加入喜愛的精油。

6. 將步驟5中混合均勻的皂液倒入模型，置入保溫箱，妥善闔上，並蓋上毛巾。（此處的保溫工作可運用保麗龍箱進行。）

7. 待手工皂硬化後（約一至三日）即可取出，並置於通風處使其自然乾燥，約六星期左右即可使用。

✔ 乾性肌膚　✔ 中性肌膚
✔ 油性肌膚　● 敏感性肌膚

🌢 總油重 600公克

橄欖油	100公克
棕櫚油	100公克
椰子油	100公克
杏桃核仁油	120公克
米糠油	120公克
荷荷巴油	60公克
菊普菊花茶	213公克
（普洱茶葉10公克）	
（菊花茶葉10公克）	
氫氧化鈉	82公克

格子の小叮嚀

　普洱菊花茶最常作為去油解膩的飲料，那麼這次試著加入手工皂裡，清潔油膩的臉部肌膚吧！搭配油性膚質適用的荷荷巴油與清爽的米糠油來製作抗痘又清爽的手工皂，舒爽又迷人！很適合各種肌膚于夏季使用唷！

Part 05

新添加——
全新油品特別企劃

一直很希望「皂」不僅適合全家人一起使用，可以很好玩，用起來很有趣，還能從頭洗到腳……抱著這樣的想法，製作了幾款有趣的皂，還添加了三款全新油品——芭芭蘇油、小白花油與法國梅子油，不同形態的皂，將帶給你全新的感受，準備好了嗎？我們一起來玩皂吧！

適合全家人用的沐浴液皂

一罐搞定！！

製作步驟

1. **油脂秤量**：將所有油脂配方秤量完成，加入至油脂全部溶解。

2. **製作鹼水**：將氫氧化鉀以少量多次的方式倒入水中，攪拌均勻等待全部成分溶解成為鹼水。備註：此步驟會產生高溫、侵蝕皮膚等等危險性。請佩戴手套、護目鏡……等安全保護工具，並且注意家中孩童的安全唷！

3. **溫度檢視**：等待油脂與鹼水降溫到攝氏80度左右，即可混合。

4. **攪拌混合**：將油與鹼水混合攪拌，過程持續40至60分鐘左右。備註：液體皂的混合過程很多變，混合初期會有氣泡冒出，然後慢慢形成白色糊狀的狀態，慢慢攪拌，你會發現皂體會變成乳霜狀態。但請別暫停唷！因為皂體接下來會變成黏稠的太妃糖狀態，如此一來就差不多了。

5. **加熱保溫**：此步驟可以以三種方式完成，請任選其中一種製作。(1)置於瓦斯爐上隔水加熱，約三小時，每約半小時攪拌一下，將空氣拌出。(2)置於電鍋中蒸煮，時間也約為三小時，每半小時攪拌一下，將空氣拌出。(3)置於悶燒鍋中，維持皂糊的溫度，等待製皂糊溫度下降，約六小時。

6. **等待熟成**：加熱、保溫工作處理完成之後，皂糊會呈現透明的麥芽糖狀態。將其置於陰涼通風處，等待約兩週時間來熟成。

7. **稀釋調香**：將皂糊與水以1：2的比例來稀釋。將所需比例調配完成，水先置於瓦斯爐上加熱煮滾，熄火後放入皂糊，等待溫度慢慢下降至常溫，調入喜歡的精油，裝罐即完成。

備註：稀釋的水可以加入花草茶，增添沐浴芳香與生活的情趣。

✔ 乾性肌膚　　✔ 中性肌膚
✔ 油性肌膚　　✔ 敏感性肌膚

總油重 500公克	
米糠油	100公克
蓖麻油	125公克
荷荷芭油	25公克
椰子油	125公克
棕櫚核仁油	125公克
氫氧化鉀	103公克
水	322公克

格子の小叮嚀

　　一罐可以從頭洗到腳的配方，只要輕輕一按壓，就可以輕鬆幫孩子完成清潔沐浴的工作。選擇體貼又安心的清潔沐浴品，是忙碌的媽媽最便捷的方式，動手來試試吧！相信你也是孩子們心中最無敵的媽媽！

夢幻又好玩的霜皂

新奇又有趣！

製作步驟

1. 油脂秤量：將所有油脂配方秤量完成，加入至油脂全部溶解，並且加入甘油。

2. 製作鹼水：將氫氧化鉀與氫氧化鈉以少量多次的方式倒入水中，攪拌均勻並等待全部成分溶解成為鹼水。

   備註　此步驟會產生高溫、侵蝕皮膚等等危險性。請佩戴手套、護目鏡……等安全保護工具，並且注意家中孩童的安全唷！

3. 溫度檢視：等待油脂與鹼水降溫到攝氏70度左右，即可混合。

4. 攪拌混合：將油與鹼水混合攪拌，使用電動攪拌器攪拌　直到皂液呈現滑順的狀態，濃稠度的狀態大約比冷製香皂還濃一點，時間大約30分鐘左右。

5. 加熱保溫：此步驟可以三種方式完成，請任選其中一種製作。(1)置於瓦斯爐上隔水加熱，約三小時，每約半小時攪拌一下。(2)置於電鍋中蒸煮，時間約三小時，每半小時攪拌一下。(3)置於悶燒鍋中，維持皂糊的溫度，等待製皂糊溫度下降，約六小時。

6. 打發製作：降溫之後的皂糊從透明的狀態恢復成半透明的奶霜狀。加入開水，使用製作蛋糕的電動攪拌器打發皂糊。

7. 調色調香：可以於打發的同時加入：雲母粉、精油來增添香氛與色彩。打發完成可以裝入罐中使用。

☑ 乾性肌膚　☑ 中性肌膚
☑ 油性肌膚　◉ 敏感性肌膚

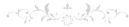

💧 總油重 500公克	
甜杏仁油	100公克
椰子油	125公克
棕櫚油	150公克
乳油木果脂	25公克
蓖麻油	50公克
米糠油	50公克
氫氧化鉀	16公克
氫氧化鈉	80公克
水	576公克
甘油	17公克
開水	86公克（打發用）

格子の小叮嚀

　　霜皂的使用面向很多元，可以加入去角質添加物，作為去角質霜使用，可去除老舊角質，使肌膚恢復水嫩狀態。也能在夏日添加適量的薄荷腦，給親愛的另一半用於刮鬍使用，讓面子問題清爽解決。而它能浮於水面的特性，能讓孩子在沐浴時間添加無比的樂趣唷！

適合全家人用的潔淨沐浴皂

芭芭蘇油
添加！

製作步驟

1. **油脂秤量**：將所有油脂配方秤量完成，加入至油脂全部溶解。

2. **製作鹼水**：將氫氧化鈉以少量多次的方式倒入水中，攪拌均勻等待全部或分溶解成為鹼水。

   備註：此步驟會產生高溫、侵蝕皮膚等等危險性。請佩戴手套、護目鏡……等安全保護工具，並且注意家中孩童的安全喔！

3. **溫度檢視**：等待油脂與鹼水降溫到攝氏45度，即可混合。

4. **攪拌混合**：將油與鹼水混合攪拌，使用電動攪拌器攪拌，直到皂液呈現美乃滋的狀態，再加入喜愛的精油以及植物粉等添加物，再次攪拌均勻後即可入模。

5. **入模保溫**：將皂液倒入模型中，置入保麗龍等保溫盒中繼續皂化。等待24小時之後即可從保溫箱中取出皂、脫模。

6. **等待熟成**：脫模之後的手工皂，請置放於陰涼通風處四至六週之後即可使用。

☑ 乾性肌膚　☑ 中性肌膚
☑ 油性肌膚　◐ 敏感性肌膚

💧 總油重 500公克

芭芭蘇油	100公克
乳油木果脂	75公克
棕櫚油	100公克
甜杏仁油	75公克
米糠油	125公克
蓖麻油	25公克
氫氧化鈉	70公克
水	161公克

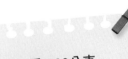

💧 芭芭蘇油 Obignya Phalerate

氫氧化鈉皂化價：0.175　　**氫氧化鉀皂化價**：0.245　　**INS**：230

取自巴西巴巴蘇棕櫚樹堅果核仁，屬於硬油的一種，是穩定不易氧化的油脂，清潔力強泡沫豐富，但卻比椰子油溫和許多，可取代棕櫚子油製作溫和起泡的手工皂。

用來製作油膏等保養品，既清爽又容易被肌膚吸收，具有舒緩、潤澤、保水的作用，而且不會產生油膩的感覺。

芭芭蘇油的延伸運用

悶熱的夏季，也是防蚊的季節。以往只愛用防蚊噴霧的格子，在使用過芭芭蘇油製作的防蚊油膏之後便改觀了。清爽的油脂特性，很容易被肌膚吸收。不僅不會殘留油膩的感覺，還會留下精油的香味，徹底對抗蚊蟲。不只防蚊油膏，針對女生喜歡的固體香膏，也能使用這款油膏基底來試試唷！

製作步驟

1.**精油秤量**：將所有精油配方秤量完成，靜置兩週。

2.**油脂秤量**：將所有油脂配方秤量完成，加入至油脂全部溶解。

3.**等待降溫**：等待油脂降溫到攝氏50度，加入精油攪拌均勻，裝罐即可使用。

油膏基底

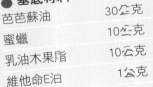

🔹 基底材料

芭芭蘇油	30公克
蜜蠟	10公克
乳油木果脂	10公克
維他命E油	1公克

防蚊精油

🔹 材料

香茅	2公克
茶樹	0.5公克
檜木	1公克
檸檬	0.5公克
薰衣草	1公克
尤加利	0.5公克

099

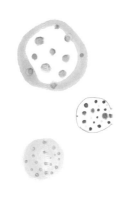

梅子油的延伸運用

運用梅子油極佳的延展特性、油品的滋潤特質來製作乳類、霜類的保養品。為肌膚帶來滑嫩、柔順的完美感受。

梅子奶油乳液

製作步驟

1.秤量配方

A：梅子油、乳油木果脂、橄欖乳化蠟、花水50公克。

B：花水14公克、植物膠原海藻精華萃取、金盞花萃取液、葡萄柚子抗菌劑。

2.隔水加熱：將A配方同時置於鍋中隔水加熱，直至全部材料都溶解。

3.混合攪拌：等A混合均勻，等待降溫至攝氏50度以下，拌入材料B，並且攪拌均勻。

4.裝罐使用：將乳液裝入塑膠袋，擠入乳液瓶中即可使用。

材料

梅子油	5公克
乳油木果脂	4公克
橄欖乳化蠟	6公克
植物膠原海藻精華萃取	10公克
金盞花萃取液	10公克
葡萄柚子抗菌劑	1公克
薰衣草花水	64公克

國家圖書館出版品預行編目資料

格子教你作自然無毒親膚皂 / 格子
著. -- 三版. -- 新北市：雅書堂文化,
2019.06
　　面；　公分. -- (愛上手工皂；1)
ISBN 978-986-302-493-4(平裝)
1.肥皂

466.4　　　　　　　108007073

【愛上手工皂】01

格子教你作自然‧無毒親膚皂（好評暢銷版）

作　　　者／格　子
專案執行／Fun手作工作室
社　　　長／詹慶和
總 編 輯／蔡麗玲
執行編輯／李盈儀‧陳姿伶
編　　　輯／蔡毓玲‧劉蕙寧‧黃璟安‧李宛真‧陳昕儀
執行美編／陳麗娜‧周盈汝
美術編輯／韓欣恬
攝　　　影／王耀賢‧賴光煜
出 版 者／雅書堂文化事業有限公司
發 行 者／雅書堂文化事業有限公司
郵政劃撥帳號／18225950
戶　　　名／雅書堂文化事業有限公司
地　　　址／新北市板橋區板新路206號3樓
電　　　話／(02)8952-4078
傳　　　真／(02)8952-4084
網　　　址／www.elegantbooks.com.tw
電子郵件／elegant.books@msa.hinet.net

2008年08初版一刷　2012年11月二版一刷
2019年6月三版一刷　定價／380 元

經銷／易可數位行銷股份有限公司
地址／新北市新店區寶橋路235巷6弄3號5樓
電話／(02)8911-0825　傳真／(02)8911-0801

Rosemary
Romarin